Wallace

Argraffiad cyntaf: 2023
© testun Aneirin Karadog, 2023
© lluniau Alyn Smith, 2023

Mae hawlfraint ar gynnwys y llyfr hwn ac mae'n anghyfreithlon i lungopïo neu atgynhyrchu unrhyw ran ohono trwy unrhyw ddull ac at unrhyw bwrpas (ar wahân i adolygu) heb gytundeb ysgrifenedig y cyhoeddwr ymlaen llaw.

Cynhyrchwyd y gyfrol hon gyda chymorth ariannol Cyngor Llyfrau Cymru.

Rhif llyfr rhyngwladol:
978-1-91-430327-2

Cyhoeddwyd yng Nghymru gan Lyfrau Broga, Yr Eglwys Newydd

www.broga.cymru

Wallace

Bywyd Chwilfrydig Alfred Russel Wallace

Geiriau gan Aneirin Karadog
Lluniau gan Alyn Smith

Ganwyd Alfred Russel Wallace yn Sir Fynwy yn 1823, yn un o naw o blant.

Roedd y teulu'n dlawd, felly dim ond am chwe blynedd y bu yn yr ysgol. Treuliodd lawer o'i amser yn yr awyr agored, yn astudio hen lyfrau a mapiau.

Yn 14 oed, aeth i fyw i Lundain gyda'i frawd John.

Roedd wrth ei fodd yn dysgu, a darllenai bob llyfr y câi afael arno.

Byddai hyd yn oed yn sleifio i mewn i ddarlithoedd am wyddoniaeth a natur.

Bryd hynny, roedd gwyddonwyr ac anturiaethwyr yn arwyr.

Breuddwydiai Alfred am gael ymuno â'r Gymdeithas Frenhinol, grŵp o wyddonwyr pwysicaf y byd – pobl fel Charles Darwin.

Symudodd Alfred yn ôl i Gymru i weithio i'w frawd oedd yn creu mapiau. Am wyth mlynedd, cerddodd Alfred ar hyd cefn gwlad yn mesur, darlunio ac ysgrifennu nodiadau.

Gan ei fod yn caru byd natur, manteisiodd Alfred ar ei deithiau i sylwi ar fywyd gwyllt a phlanhigion ym mhobman yr âi.

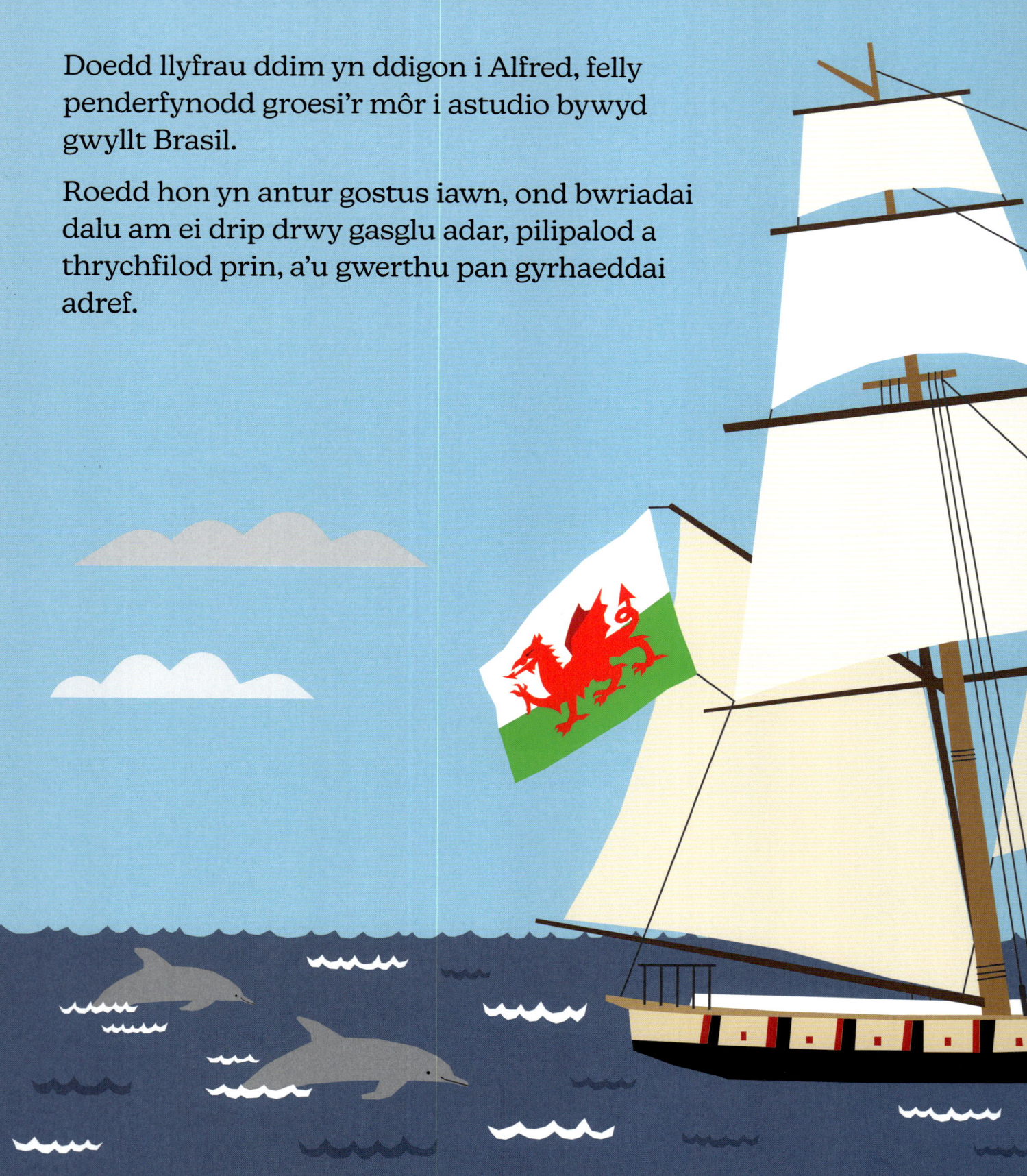

Doedd llyfrau ddim yn ddigon i Alfred, felly penderfynodd groesi'r môr i astudio bywyd gwyllt Brasil.

Roedd hon yn antur gostus iawn, ond bwriadai dalu am ei drip drwy gasglu adar, pilipalod a thrychfilod prin, a'u gwerthu pan gyrhaeddai adref.

Y prif reswm dros deithio oedd er mwyn cael yr ateb i broblem nad oedd gwyddonwyr wedi ei datrys eto, sef o ble ddaeth yr holl wahanol fathau o anifeiliaid a phlanhigion?

Yn wahanol i nifer o anturiaethwyr y cyfnod, oedd yn credu eu bod yn well na'r bobl frodorol y byddent yn cwrdd â nhw, byddai Alfred yn astudio eu hieithoedd ac arferion a gallai weld eu bod yr un mor glyfar ag ef.

Wedi pedair blynedd o fapio, darlunio a chasglu samplau yn nyfnderoedd coedwig law'r Amason, roedd Alfred yn barod i fynd adre.

Ond ar y daith yn ôl dros y môr, yn ddamweiniol, dechreuodd tân ar y llong gan orfodi pawb i ffoi am eu bywydau.

Roedd yr holl anifeiliaid, trychfilod, mapiau a nodiadau yr oedd Wallace wedi eu casglu bron i gyd wedi diflannu yn y fflamau.

Treuliodd y criw ddeng niwrnod ar y môr mawr mewn cwch bach tan iddyn nhw gael eu hachub.

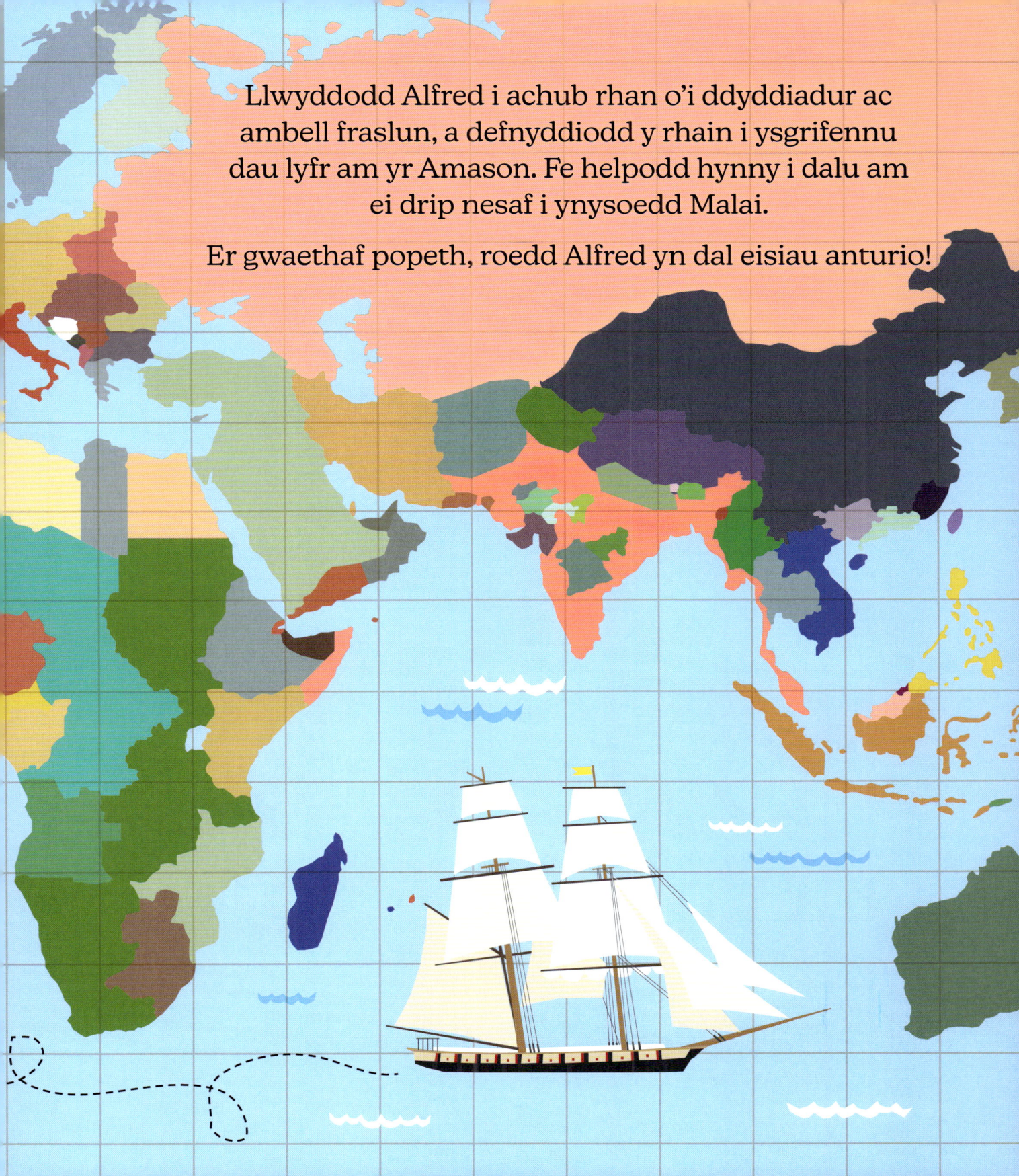

Llwyddodd Alfred i achub rhan o'i ddyddiadur ac ambell fraslun, a defnyddiodd y rhain i ysgrifennu dau lyfr am yr Amason. Fe helpodd hynny i dalu am ei drip nesaf i ynysoedd Malai.

Er gwaethaf popeth, roedd Alfred yn dal eisiau anturio!

Treuliodd wyth mlynedd ar ynysoedd Malai, gan ddarganfod miloedd o fathau newydd o adar ac anifeiliaid.

Hefyd, lluniodd fapiau a chwiliodd am gliwiau i geisio datrys y dirgelwch o ble ddaeth yr holl amrywiaeth o anifeiliaid.

Un diwrnod, ac yntau'n sâl yn ei wely, daeth Alfred o hyd i'w ateb, sef fod anifeiliaid yn newid yn araf dros amser hir er mwyn cael gwell siawns o oroesi yn eu cynefinoedd.

Danfonodd Alfred ei ateb at ei arwr, Charles Darwin, ac ysgrifennodd y ddau'r llyfr cyntaf a esboniai'r syniad – sef 'esblygiad drwy ddewis naturiol'.

Roedd hwn yn syniad a newidiodd y byd.

Wedi'r holl anturio, dychwelodd Alfred i Brydain i fyw.

Priododd a chael tri o blant gan ymgartrefu mewn tŷ braf gyda gardd hyfryd lle roedd digon o le iddo gadw ei gasgliad anhygoel.

Daeth yn siaradwr amlwg ar nifer o bynciau, o'r amgylchedd i fywyd estron yn y gofod, a hyd yn oed ysbrydion!

O'r diwedd, ac yntau'n 70 mlwydd oed, daeth Alfred yn aelod o'r Gymdeithas Frenhinol.

Alfred Russel Wallace oedd un o wyddonwyr pwysicaf ei oes.

Byddai'n meddwl drosto'i hunan yn hytrach na dilyn yr hyn a gredai pawb arall. Achosodd hyn iddo fod yn amhoblogaidd ar brydiau.

Yr hyn a ysbrydolai Alfred oedd cariad at fyd natur a gofal dros bobl… a chwilfrydedd diddiwedd.

Hefyd yng nghyfres Enwogion o Fri

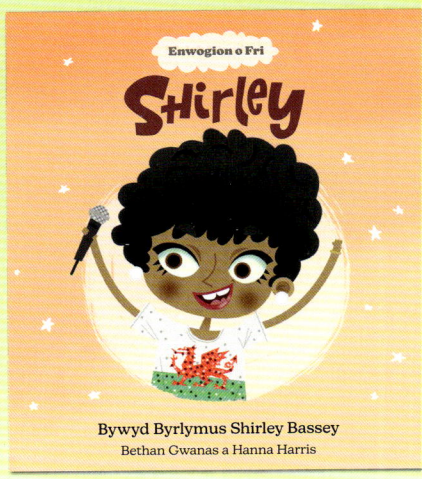

Shirley Bassey
Hanes y ferch o Tiger Bay a ddaeth yn seren bop fyd-enwog.

Cranogwen
Merch wnaeth herio'r drefn, o hwylio llongau i farddoni, mewn oes lle nad oedd cyfleoedd cyfartal i ferched.

Gwen John
Stori'r ferch dawel a ddilynodd ei breuddwyd a dod yn un o artistiaid gorau Cymru.

Orig Williams
Y reslwr cryf oedd yn enwog ar draws y byd fel 'El Bandito'.

Ann Griffiths
Y bardd a'r emynydd sensitif wnaeth ysgrifennu caneuon a ysbrydolodd y genedl.

Aneurin Bevan
Y gwleidydd poblogaidd wnaeth ymladd dros degwch a sefydlu'r Gwasanaeth Iechyd Gwladol.

Laura Ashley
Dylunydd ffasiwn wnaeth sefydlu busnes byd-eang o'i chartref yng nghanolbarth Cymru.

Betty Campbell
Hanes ysbrydoledig prifathrawes Ddu gyntaf Cymru, wnaeth frwydro dros ei chymuned.

Darganfyddwch fwy am fywydau ysbrydoledig pobl o Gymru, o artistiaid i wyddonwyr, i bobl wnaeth herio'r drefn a goresgyn pob math o rwystrau i gyflawni eu breuddwydion.

broga.cymru